Dedicado a Richie y Keira,
que se han estado divirtiendo a pesar de la pandemia
porque tienen una mamá estupenda,
y también dedicado a mí mamá estupenda
que no ha podido estar con mi familia por las medidas de
seguridad del virus para proteger a los ancianos.

Edición en Español
Traducción por Andrea Montgomery CHI, CT
Publicado originalmente como "Why(r)us, the Virus"

Library of Congress Control Number:2020941669
ISBN (tapa dura): 9781953767066
ISBN (libro de bolsillo) 9781953767073
eISBN: 9781953767080

Seira y Sami estaban acostados de pancita observando a una hormiga mientras ella cargaba una hojita sobre su espalda.

"Extraño a mis amigos" suspiró Sami.

"¿Entonces por qué no vas a la escuela?" preguntó Seira.

"Es el Whyrus" dijo Sami. "Oh" dijo Seira. "¿Qué es un Whyrus?"

"¡ Algo que no nos deja divertirnos!" gruñó Sami.

"¡Nada puede hacer eso!" dijo Seira. "¡Persígueme! ¡Vamos a jugar!" y se fue corriendo. Sami la persiguió.

Nadie perseguía al Whyrus.

Nunca.

Cansados después de jugar, Sami y Seira se acostaron en el pasto del jardín para buscar aviones en el cielo pero sólo vieron nubes.

Sami encontró una nube pterodáctilo.

Seira encontró una nube patito.

Por fin encontraron un avión grande.

Nadie encontró al **Whyrus**.

Nunca, jamás.

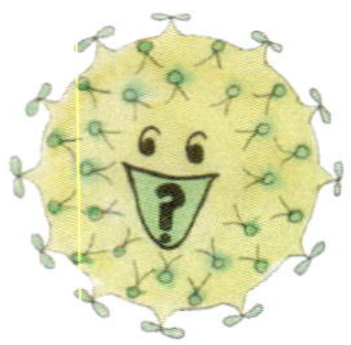

"Ojalá pudiéramos ir al parque," se quejó Sami, "pero no podemos."

"¿Por qué no? preguntó Seira.

"Es por el Whyrus" dijo Sami sin emoción.

"Oh eso otra vez" dijo Seira. "¿Sami, el Whyrus hace que todo pare?"

"No" explicó Sami "solo las cosas divertidas."

Seira pensaba que estar con Sami era divertido pero dijo "Extraño al parque. Te apuesto a que el parque también nos extraña."

Era verdad. El parque si extrañaba a los niños.

El parque NO extrañaba al Whyrus.

Nunca, jamás, de ninguna manera.

"¿Pero cómo es que nos para el Whyrus?"
preguntó Seira.
"El Whyrus está enfermando a muchas personas."
Sami le dijo pacientemente "Entonces tenemos que quedarnos en casa y no darnos besos o abrazos y tenemos que lavarnos las manos MUCHO y a veces usar una máscara hasta que el Whyrus se desaparezca."
A Seira le gustaba cantar Feliz Cumpleanos cuando se lavaba las manos. Le gustaba cómo se sentían las burbujas.
Al Whyrus NO le gustaba ni el jabón ni el agua ni las burbujas ni cantar.
Nunca, jamás, de ninguna manera.

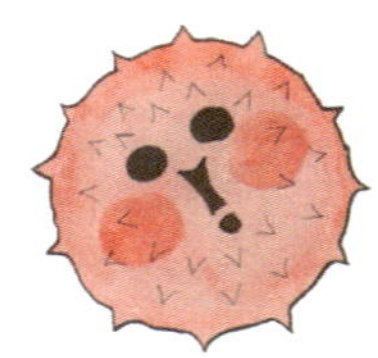

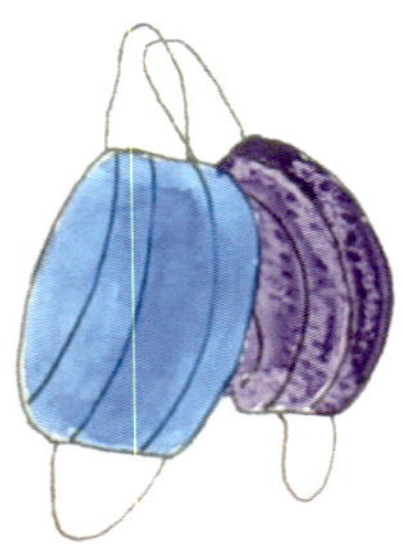

¿"Por qué llevamos máscaras puestas?" preguntó Seira. "¿Para que el Whyrus no sepa quienes somos?"

Sami meneó la cabeza. "Yo uso mi máscara para que se queden mis gérmenes conmigo. Y tu máscara asegura que tus gérmenes se queden contigo. Eso ayuda a que otros estén bien de salud."

"¡Fantástico!" Somos SUPERHÉROES!" exclamó Seira.

"Hmmm..." dijo Sami "tal vez sí SOMOS superhéroes - sí estamos salvando al mundo".

"Pues a ESTA superhéroe no le gusta ese Whyrus" dijo Seira.

"Creo que a nadie le gusta" dijo Sami, y se fueron corriendo a su fuerte de superhéroes.

Era verdad. A nadie le gustaba el Whyrus.

Nunca, jamás, de ninguna manera, no señor.

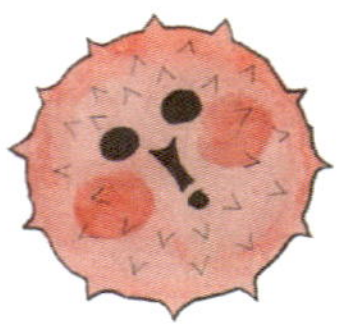

Después del almuerzo, Seira preguntó
"¿Podemos jugar al escondite?"
"¡Claro!" dijo Sami.
Seira se tapó los ojos y empezó a contar,
"1...2...3..." Sami se escondió detrás de un gran arbusto. Seira lo encontró bastante pronto.
Cuando le tocó esconderse a Seira, ella se escondió detrás del fuerte.
Sami contó hasta 10 y luego fue a buscarla.
Nadie buscó al Whyrus.
Nunca, jamás, de ninguna manera, no señor, no señora.

Más tarde, Sami y Seira estaban viendo como
las gotas de lluvia se escurrían sobre las ventanas e
hicieron caras con el vapor de su aliento.
"No me gusta la lluvia." dijo Sami.
"A las flores les gusta la lluvia" Seira le recordó.
"Pero la lluvia va a borrar nuestros dibujos de gis!"
dijo Sami "Me gustan mis dibujos."
"¡A mi también!" dijo Seira.
Nadie le preguntó al Whyrus si le gustaban los dibujos.
Nunca, jamás, de ninguna manera, no señor, no señora,
nunca iba a suceder.

"¡Podemos dibujarlos otra vez!" dijo Seira.
Sami frunció el ceño.
"No podemos dibujar con gis ahora."
"Oh no" dijo Seira. "¿Es por el Whyrus?"
"¡No, no por el Whyrus. Es porque está lloviendo todavía!" dijo Sami.
Nadie le preguntó al Whyrus si le gustaba la lluvia.
Nunca, jamás, de ninguna manera, no señor, no señora, nunca iba a suceder, ni chance.

1
2
3
4
5
6
7
8
9
10

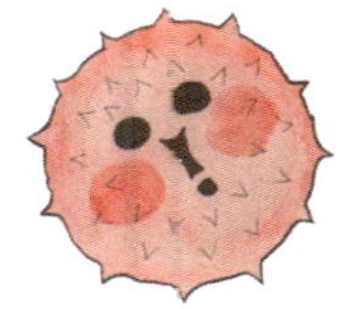

"¿Pues, el Whyrus nos puede parar de chapotear en charcos? continuó Seira.
"No" dijo Sami. "No si son los charcos en nuestro propio jardín."
"¿Y después podemos tomar un chocolate caliente?" preguntó Seira.
"Probablemente" dijo Sami y corrieron al armario por las botas de lluvia.
Nadie dejó que el Whyrus se chapoteara en los charcos.
Nunca, jamás, de ninguna manera, no señor, no señora, nunca iba a suceder, ni chance, ni con dados.

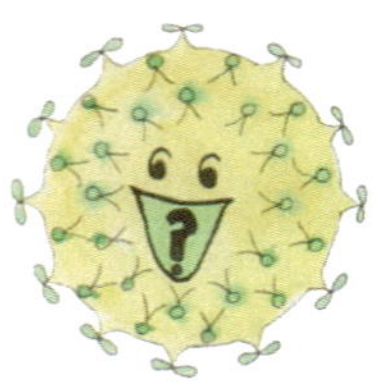

Después de haberse puesto las botas de lluvia y sus chamarras, y de haber chapoteado y perseguido a las gotas de lluvia, regresaron a tomar un chocolate caliente.

"¡Mira!" exclamó Seira "¡Un arcoiris!" "¡El Whyrus no paró al arcoiris!"

Sami se tomó su chocolate y se lamió los labios que tenían malvavisco derretido. "Sí" dijo Sami "Parece que el Whyrus no puede parar la lluvia y tampoco a los arcoiris."

"Sí" dijo Seira "¡tampoco al chocolate caliente!"

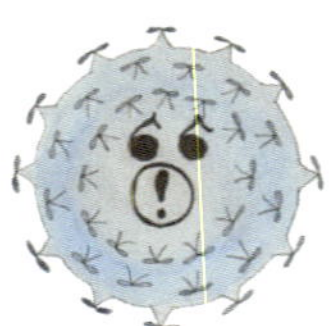

Nadie compartió su chocolate caliente con el Whyrus. Nunca, jamás, de ninguna manera, no señor, no señora, nunca iba a suceder, ni chance, ni con dados, no puede hacer nada.

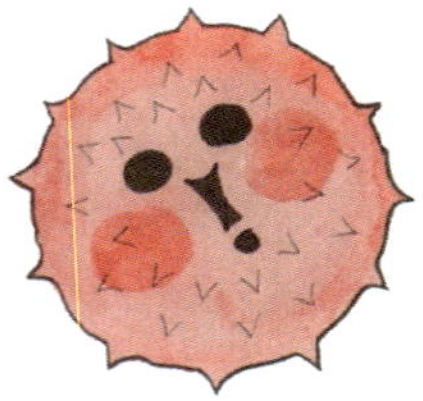

Cuando ya se acabó el chocolate caliente, tampoco había un arcoiris, pero la lluvia regresó. Sami empezó a cantar. "Lluvia, lluvia vete pronto, regresa otro día"
Seira inventó su propia canción. Ella cantaba:

Whyrus, el virus,
No tienes que vivir con nosotros.
Por favor vete muy lejos
Encuéntrate otro lugar para estar

Hasta entonces, voy a pedir que
Todos usen una máscara
Yo te salvo, tu me salvas
Lavándonos las manos cuidadosamente

"Esa es una buena canción" dijo Sami, y para divertirse la cantaron otra vez.

"¿Quieres hacer un rompecabezas y construir un fuerte?" preguntó Sami.

"Hay que construir un fuerte y hacer el rompecabezas dentro de él!" dijo Seira.

"¡Okay!" dijo Sami y corrieron al sofá para organizar los cojines.

Nadie dejó espacio en el fuerte para el Whyrus.

Nunca, jamás, de ninguna manera, no señor, no señora, nunca iba a suceder, ni chance, ni con dados, no se puede hacer nada, uh uh.

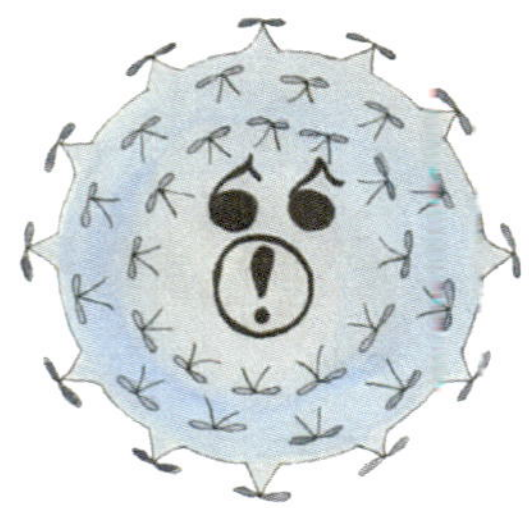

Después de un tiempo, salió el sol y las banquetas ya se habían secado.

Sami agarró el gis, y salieron a la calle.

Seira apuntó a una flor esponjosa que estaba junto a los escalones. "¡Mira, Sami, una vara de deseos! "dijo ella.

"Eso es solo una hierba de diente de león" dijo Sami. Sami olió la flor y parte de la flor flotó sobre su nariz! Seira se rió.

"¡Haz un deseo y sopla!" dijo Seira.

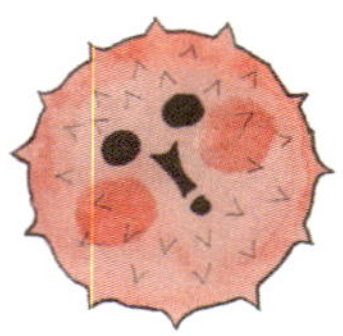

"¡Deseo que el Whyrus desaparezca!" dijo Sami. Y al soplar, toda la flor se fue flotando.

"Sí" dijo Seira. "Yo también."

Nadie le preguntó al Whyrus lo que él deseaba.

Nunca, jamás, de ninguna manera, no señor, no señora, nunca iba a suceder, ni chance, ni con dados, no se puede hacer nada, uh uh, ni una vez.

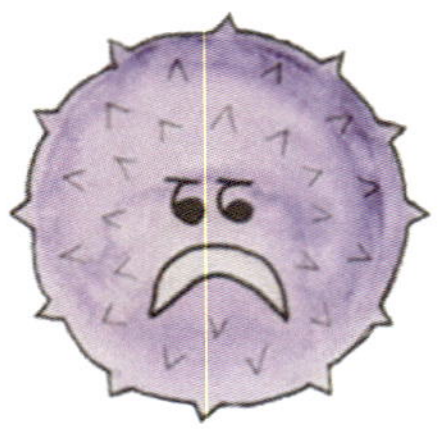

Después de cenar y bañarse, Seira y Sami se alistaron para dormir. "Que día tan divertido" susurró Seira.
"Sí" dijo Sami.
"Hicimos que se se fuera el Whyrus hoy?" ella preguntó.
"No lo creo" dijo Sami. "Tal vez mañana."
"Sí" dijo Seira "Tal vez mañana. Te quiero mucho, Sami."
"Te quiero mucho, Seira" le susurró.
Pusieron sus libros bajo sus almohadas y se fueron a dormir.
Nadie soñó del Whyrus.
Nunca, jamás, de ninguna manera, no señor, no señora, nunca iba a suceder, ni chance, ni con dados, no se puede hacer nada, uh uh, ni una vez, y no gracias.

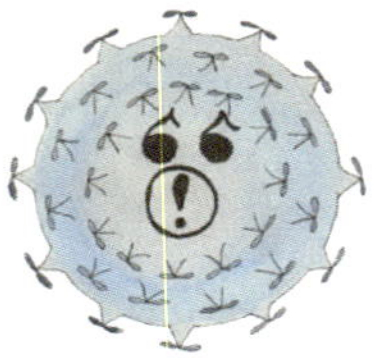

Y cuando se despertaron, el sol siguió brillando y los pájaros siguieron cantando y algunos días eran lluviosos pero ellos siguieron divirtiéndose.
Las enfermeras y los doctores siguieron ayudando a los enfermos para que se recuperaran. Los científicos siguieron desarrollando una medicina poderosa, una vacuna para proteger contra la enfermedad.
Los granjeros siguieron cosechando maíz y frijoles y sandía. Todos trabajaron muy duro para que se fuera el Whyrus hasta que un día...

....a Sami y a Seira se les cumplió su deseo y el Whyrus se desapareció. Nadie supo exactamente por qué se desapareció el Whyrus. Pudo haber sido la vacuna Y el lavado de las manos Y no ir al parque Y no ir a la escuela.

Quizá fue por muchas razones. A Seira y Sami les gustaba pensar que el Whyrus construyó un cohete y se fue a otro planeta.

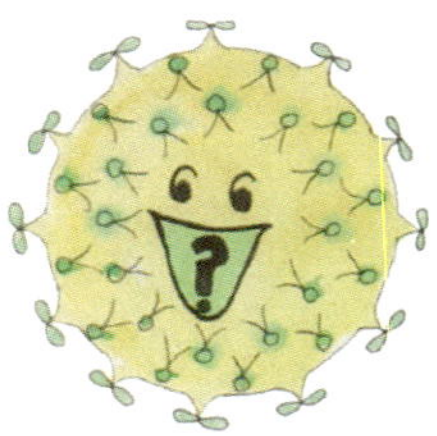

Tal vez eso era verdad, y tal vez no ... pero nadie NUNCA extrañó al Whyrus. Y Sami y Seira y sus amigos se siguieron divirtiendo mucho más, todos los días, si eso es posible.

¡Todavía se lavaban mucho las manos porque no querían que regresara el Whyrus!

¡Nunca, jamás, de ninguna manera, no señor, no señora, nunca iba a suceder, ni chance, ni con dados, no se puede hacer nada, uh uh, ni una vez, y

NO GRACIAS!!!

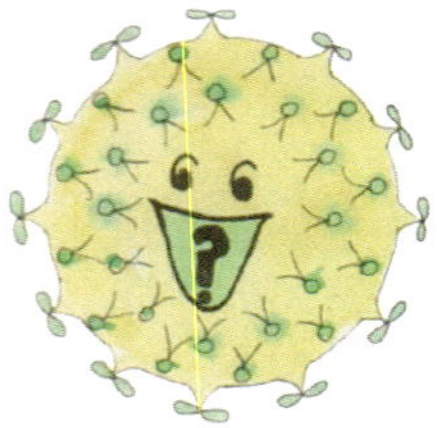

La canción del Whyrus

(a la melodía de "El Madero de San Juan")

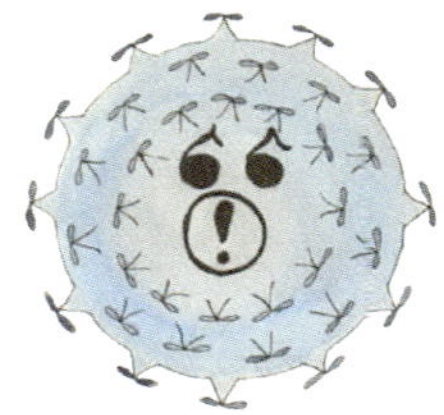

Whyrus, el virus,
No tienes que vivir con nosotros.

Por favor vete lejos
Encuéntrate otro lugar

Hasta que eso pase,
pediré que Todos usen una máscara

¡Yo te salvaré Tú me salvarás,
lavándonos las manos con cuidado!

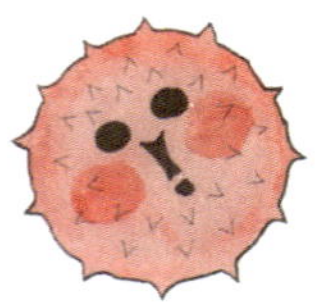

[Cántala cuando te laves las manos]

Why- rus, el Vi - rus, No ti-e-nes que
vi - vir con no-so - tros.
Por fa - vor vete muy le-jos En-cuen-tra-te
o-tro lu-gar pa-ra es-tar.

Actividades y guías para compartir este libro
se encuentran en
https://www.whyrusthevirus.com/activities

La autora quiere darle las gracias
a Andrea Montgomery por su esfuerzo
traduciendo este libro al Español,

y

a Josh y Mikaela Nazlian
y Breana Murad
por su habilidad en las áreas de educación y epidemiología.

Las ganancias de la venta de este libro benefician a
Mobile Hope of Loudon,
una organización que ayuda
a los niños sin hogar hasta la edad de 24 años.

¿Cómo puedes ayudar?
Usa tu cubrebocas
Haz una donación al almacén de comida para la comunidad
Lávate las manos por 20 segundos
Comparte este libro con un amigo o dónalo a tu biblioteca.

CPSIA information can be obtained at www.ICGtesting.com
Printed in the USA
LVIW010134210121
676877LV00029B/753